Orbey, juillet 2010

Le titre était si beau
(c'est une citation de Senghor !)
que j'ai craqué pour toi !
Mais est-ce là une lecture
estivale dans la douceur
d'un hamac baigné de
verdure ?? Je ne sais !

Belle semaine à Orbey
et rendez-vous en août avec joie !

Bises ! Anne

LES MATHÉMATIQUES SONT LA POÉSIE DES SCIENCES

DANS LA MÊME COLLECTION

Alain Badiou, *Éloge des mathématiques*, avec Gilles Haéri.

Karol Beffa et Cédric Villani, *Les Coulisses de la création.*

Alex Bellos, *Alex au pays des chiffres.*

Masha Gessen, *La Légende Grigori Perelman.*

Edward Frenkel, *Amour et maths.*

Ian Stewart, *La Chasse aux trésors mathématiques.*

Cédric Villani

LES MATHÉMATIQUES SONT LA POÉSIE DES SCIENCES

suivi de

L'INVENTION MATHÉMATIQUE

par
Henri Poincaré

Illustrations d'Étienne Lécroart

Champs sciences

Le titre de cet ouvrage est une citation du poète Léopold Sédar Senghor.

ISBN : 978-2-0814-2241-4

Science, es-tu là ?

53734753

La mathématique* est une science, il est bon de le rappeler ! Pour diverses raisons, certains aiment dire qu'elle est un peu à part... mais je fais partie de ceux pour qui la mathématique est avant tout une science. D'abord parce qu'elle est fondée sur le même enchaînement de préoccupations que toutes les sciences : décrire le monde, comprendre le monde, agir sur le monde.

* Les mathématiques ou la mathématique ? J'ai décidé d'adopter le singulier le jour où je me suis rendu compte que je ne pouvais donner aucune justification au pluriel, si ce n'est un archaïsme de la langue qui nous renvoie à la classification platonicienne des arts et des sciences. Au reste il existe aussi une ancienne tradition de l'usage du singulier, que respectait par exemple Bourbaki ; le singulier insiste sur l'unité d'une discipline dont les branches, bien que très diversifiées, reposent sur des principes communs. J'ai conservé le pluriel dans le titre pour ne pas modifier la belle expression de Léopold Sédar Senghor.

Décrire, comprendre, agir : c'est la trilogie scientifique.

En soi, cette trilogie ne suffit pas à caractériser la démarche scientifique : on retrouve ces trois grands principes dans d'autres activités humaines. Pour caractériser les sciences, il faut y ajouter certaines habitudes de travail, certains principes, que l'on retrouve aussi en mathématique.

Le premier de ces principes fondamentaux, c'est le scepticisme *a priori* : en science, on ne doit croire que si l'on a été convaincu par un argument. C'est un argument, logique, raisonné, qui vous amène à croire quelque chose et non la référence à une autorité supérieure, que ce soit une personne, un texte ou un ouvrage.

Autre principe fondateur de la science : le partage des informations et la validation par les pairs. Une chose n'est pas vraie parce qu'une autorité l'affirme, elle est vraie parce que les pairs l'ont validée et acceptent le raisonnement. Ce n'est pas un processus qui va de soi. Il y a eu bien des contestations, des controverses, des retours en arrière, mais les scientifiques acceptent toujours ce principe de base : partage des informations, validation par les pairs et le fait que nul ne détient une parole plus forte que les autres. Seules l'exactitude, la précision des arguments donnés, la conviction entraînent l'adhésion.

Certes, en pratique, on fait plus facilement confiance à un scientifique qui a été couronné qu'à un amateur inconnu… et si un article prétendant démontrer un difficile théorème d'algèbre est signé Jean-Pierre Serre [1], on lui accordera plus de crédit que s'il émane d'un mathématicien dont personne n'a entendu parler. Mais il s'agit là d'une imperfection humaine par rapport à l'idéal scientifique : en principe on devrait considérer les deux à égalité ; et d'ailleurs il arrive qu'un mathématicien travaillant seul ou presque, sans aucune notoriété, résolve un problème important qui a tenu en échec les meilleurs experts (ce fut le cas de Yitang Zhang il y a quelques années, ou de Roger Apéry dans les années 1970 [2] ; l'un et l'autre avaient environ soixante ans au moment des découvertes qui allaient leur valoir une gloire mondiale).

Scepticisme *a priori*, usage du raisonnement, partage des preuves, validation par les pairs : on retrouve tous ces principes en mathématique, et c'est en cela que l'on peut affirmer qu'il s'agit d'une science. Ces principes y sont même poussés à l'extrême. En mathématique, on ne s'autorise à croire en une chose que lorsqu'elle a été démontrée intégralement. Un mathématicien ne dit pas : « Étant donné ceci, vous pouvez imaginer cela par analogie », mais plutôt : « Je vais vous démontrer ceci dans les moindres détails et le raisonnement logique emportera votre conviction. » Certes, là encore, c'est un idéal qui n'est pas humainement atteignable, et toute preuve comporte de petites ellipses de raisonnement ; mais en principe le raisonnement dans ses moindres détails peut se reconstituer à partir de l'article. Certains raisonnements s'étalent sur plusieurs centaines de pages ; d'autres demandent des années de vérification aux experts.

Il est peut-être plus fascinant encore de considérer les conjectures, c'est-à-dire les énoncés que l'on pense vrais sans savoir les démontrer. Chaque jour, des conjectures sont démontrées et chaque jour, de nouvelles conjectures sont formulées ; mais certaines sont plus marquantes que d'autres. La conjecture de Goldbach et celle de Syracuse font partie des plus connues. L'hypothèse de Riemann, aux yeux des mathématiciens, est LA plus célèbre de toutes. Il est fascinant de penser qu'elle a été vérifiée sur dix mille milliards d'exemples, et n'a jamais été mise en défaut ; mais aux yeux des mathématiciens, dix mille milliards d'indices concordants, cent mille milliards de prédictions vérifiées, ne valent pas preuve ! Aucun autre domaine de connaissance n'est aussi intransigeant.

Pour la troisième fois, je vais apporter des nuances à ces propos. D'une part, dans toutes les applications mathématiques, on s'autorise sans cesse à appliquer des énoncés qui ne sont pas rigoureusement démontrés, mais dans lesquels on croit parce qu'ils sont soutenus par une combinaison de raisonnement et d'expériences. D'autre part, les mathématiciens eux-mêmes sont souvent enclins à croire en une conjecture si elle est étayée par des indices qu'ils jugent suffisants : ils ne la considèrent pas comme établie, mais ils se sont quand même fait leur conviction intime, et cela les guide. Enfin, si c'est bien le raisonnement déductif qui fait foi pour établir une vérité mathématique, on utilise sans cesse le raisonnement inductif ou des expériences de pensée pour entrevoir ces vérités. Mais même en prenant tout cela en compte, la mathématique reste une science dotée d'une extrême exigence de rigueur.

On pourrait aller jusqu'à voir dans la mathématique la quintessence de la science, pas au sens où elle serait supérieure aux autres sciences (même si Albert Einstein l'a proposé dans l'un de ses textes !), mais au sens où les principes de la science et du raisonnement scientifique y sont poussés à l'extrême. Les raisonnements peuvent y devenir disproportionnés, la rigueur atteindre des sommets déraisonnables… On pourrait aussi évoquer la place qu'y tient la conceptualisation : la mathématique se situe purement dans le concept. Ainsi en mathématique il n'y a pas, comme dans les autres sciences, de va-et-vient entre le concept dans notre esprit et l'expérience à côté de nous : on ne s'occupe que du concept. Bien entendu, le concept peut s'inspirer du réel, et la recherche de la démonstration peut prendre un tour expérimental, mais tout se passe sur le terrain de bataille conceptuel.

La mathématique est également une science extraordinairement efficace. On le sait, la plupart des grandes réalisations scientifiques et technologiques de nos jours comprennent une dose, petite ou immense, de mathématique. Cette dose marque la puissance du raisonnement pour dominer la matière et le monde réel. Une puissance si grande que certains estiment que la réalité doit être avant tout une construction mathématique, abstraite !

Pour cette raison, si la mathématique était un art, ou si l'on cherchait à lui trouver un art similaire, parmi tous les arts possibles, ce pourrait être le *design*. En *design*, on retrouve en effet la même ambivalence qu'en mathématique, la même dualité – ou dialectique – entre, d'une part, l'harmonie, l'abstraction, l'esthétique, et d'autre part, le devoir d'efficacité. Ce que vous avez *designé* doit être élégant, pratique, utile ; une table doit être à la fois belle, solide et commode. En mathématique, c'est pareil : ce doit être à la fois beau, original et utile pour être parfaitement apprécié. On en fait l'expérience tous les jours, que ce soit avec les prévisions météorologiques, les calculs d'itinéraires ou la traduction automatique : toutes sortes de réalisations n'existeraient pas sans mathématique. Étant partout autour de nous, comme les tables et le mobilier, la mathématique est envahissante par son omniprésence dans la nature comme dans la technologie ; mais elle sait se faire oublier quand elle fonctionne bien. Pour envoyer un SMS ou faire une recherche sur Internet, nous n'avons pas besoin de connaître les principes mathématiques sous-jacents, non plus d'ailleurs que les principes d'électromagnétisme, d'électronique, de science des matériaux, etc.

Et maintenant, si la mathématique était un genre littéraire ? Alors ce serait certainement la poésie. C'est ce que Senghor a instinctivement senti* en contemplant les sibyllines expressions d'un programme de conférences ; mais cette analogie m'a aussi été rapportée par de nombreux lecteurs de mon ouvrage *Théorème vivant*, dans lequel je reproduisais sans fard les discussions mathématiques de spécialistes**. Dans un texte, l'élément poétique peut venir de l'apparition d'éléments étrangers et inattendus : on peut trouver une beauté à des mots qui surgissent avec leur charge de mystère dans un dialogue où ils n'ont apparemment rien à faire. C'est un peu ce qui se passe quand vous écoutez une

* Le mathématicien sénégalais Hamet Seydi, ancien doyen de la faculté des Sciences et Techniques de l'université Cheikh Anta Diop de Dakar, qui eut l'honneur de collaborer avec Alexandre Grothendieck, m'a raconté la genèse de la phrase de Senghor. Seydi était venu apporter le programme du colloque international dont Senghor, alors président de la République, allait devoir faire le discours d'accueil ; Senghor a contemplé les mystérieux titres des conférences avant de lâcher : « Vous, les mathématiciens, vous faites de la poésie des sciences ! »

** Je n'ai pu retrouver la savoureuse lettre de ce lecteur enthousiaste et cultivé qui m'écrivait : « Votre texte, Monsieur, c'est de la prose post-mallarméenne et pré-symboliste » (à moins que ce ne soit « pré-hermétique »)...

chanson dans une langue étrangère à laquelle vous ne comprenez rien, mais que vous y percevez une force mélodieuse tout à fait mystérieuse (et d'ailleurs la traduction, en brisant le mystère, vous décevrait certainement !). De fait, l'usage de mots mathématiques en poésie a été expérimenté avec un certain bonheur par Lautréamont dans *Les Chants de Maldoror*.

Même quand les mots relèvent du langage courant, ils peuvent avoir été détournés de leur sens usuel par les mathématiciens. Par exemple, en mathématique, un anneau a un sens très précis : ce n'est pas une bague que vous placez au doigt, c'est une structure algébrique caractérisée par la présence de deux opérations internes, une addition et une autre opération associative et distributive avec élément neutre… « Spectre » et « corps » possèdent aussi un sens précis en mathématique, de même que des centaines de vocables détournés. Et quand un auditeur extérieur rencontre ces mots détournés par les mathématiciens pour prendre sens dans leur discipline, il y trouve une certaine poésie*.

* Exemple : l'un des articles de Seydi s'intitule « Sur la théorie des anneaux excellents en caractéristique zéro »… Le sens en est très précis, mais ne dirait-on pas un vers oulipien ?

Ce procédé – la mise en scène dans un contexte inattendu d'objets mathématiques – peut aussi se faire visuellement avec des formes, ainsi que s'y est essayé Man Ray avec la collection de modèles géométriques de l'Institut Henri-Poincaré, dans les années 1930. Il n'y comprenait goutte, mais y a vu une certaine beauté – non seulement il appréciait la beauté formelle des courbes, l'esthétique de ces objets, mais il était fasciné par le fait qu'ils avaient été réalisés de main d'homme, pour représenter des concepts nés dans un cerveau humain. Il y devinait quelque chose d'important. Quand vous écoutez une langue étrangère, vous n'entendez pas seulement des sons qui ont une certaine mélodie : vous savez qu'ils ont un sens que certains de vos frères humains sont capables de saisir, et cela les rend bien plus intéressants.

Man Ray s'est ainsi emparé d'un objet mathématique et l'a mis en lumière de telle sorte qu'on dirait un visage, un masque[3]. Il a fait de même avec bien des objets, pour constituer sa série d'*Équations shakespeariennes*. Cette mise en scène fait référence à quelque chose d'autre que l'objet original, qui nous parle.

J'aimerais citer encore un autre auteur, grand romancier poétique et excellent mathématicien : Charles Dodgson, plus connu sous le nom de Lewis Carroll. Beaucoup se sont étonnés de sa double identité qui lui permettait d'écrire aussi bien des fables pour enfants que des ouvrages de logique ; lui-même, austère et conservateur dans la « vraie vie », n'évoquait presque jamais son riche imaginaire en public. Cependant, je suis certain que pour lui tout était lié : ses fables étaient pleines de concepts mathématiques, de jeux de logique et d'absurde, de mots combinés, de néologismes bâtis avec des règles bien réfléchies*. Même son ouvrage de logique regorge d'inventivité et parfois de magie. C'est avec un art remarquable qu'il a su mettre en scène la mathématique dans une démarche incontestablement poétique.

* Un exemple : dans *De l'autre côté du miroir*, la discussion entre Alice et le Cavalier Blanc sur « le nom du nom de la chanson » évoque irrésistiblement, pour un informaticien, la nuance entre l'adresse d'un pointeur et celle de l'objet pointé ; ou, pour un mathématicien, la différence entre un ensemble et la propriété qui le définit ; ou encore, pour un logicien, la discussion de Gödel sur les numérotations des propositions, dans la preuve de son célèbre théorème d'incomplétude…

Contraintes et créativité

LIBERTÉ
LÉCROART

Un lien crucial entre poésie et mathématique est l'importance des contraintes. Pour moi, les contraintes sont indissociables de la créativité ; elles sont même l'un des sept ingrédients que j'aime présenter comme étant le cœur de la création des idées[4].

En mathématique, la contrainte est bien présente et la créativité qui en naît est considérable. En un sens, la mathématique est la science des règles et de ce que l'on peut en déduire. Sa fierté est de travailler avec aussi peu de règles et de postulats que possible (que l'on pense à la lutte multi-centenaire pour se passer du sixième axiome d'Euclide, jusqu'à ce qu'on conclue à son « indépendance ») ; mais sa contrainte première est d'imposer un raisonnement parfaitement logique, et c'est une contrainte extraordinaire. Sa grandeur est de parvenir, avec aussi peu d'ingrédients et tant de contraintes, à des énoncés si nombreux et si inventifs.

En poésie, que ce soit dans la prosodie antique ou dans la poésie rythmique en vers, les règles jouent un rôle extrêmement important. En s'imposant de nouvelles contraintes, on donne naissance à des genres littéraires nouveaux : pensons aux expériences célèbres de l'OuLiPo qui rassemblait des poètes, des écrivains et des mathématiciens. Avec ses *Cent mille milliards de poèmes*, Raymond Queneau a montré que la force de la combinatoire, en l'occurrence l'agencement de vers en différentes combinaisons, permet de créer toutes sortes de poèmes. Et que se passe-t-il lorsqu'on applique des règles mathématiques arbitraires au texte ? Cela peut être surprenant et beau. Prenons la règle du « S + 7 » : chaque fois que vous rencontrez un mot important, un mot qui vous intéresse, vous allez le chercher dans le dictionnaire ; puis vous avancez de sept mots et vous faites la substitution. Plutôt bête, non ? Voici ce que cela donne pour une fable célèbre :

La cimaise ayant chaponné
Tout l'éternueur
Se tuba fort dépurative

Quand la bixacée fut verdie :
Pas un sexué pétrographique morio
De moufette ou de verrat.
Elle alla crocher frange
Chez la fraction sa volcanique[5]...

Ce qui est drôle, c'est qu'on reconnaît le texte de *La Cigale et la Fourmi* tel qu'on l'a appris à l'école, mais parsemé de mots qui surgissent en lui donnant un côté absurde. C'est beau et réjouissant, non ? Et le fait de savoir que, derrière tout cela, il y a une règle mathématique renforce l'intérêt. On s'étonne qu'une règle si simple provoque de si grandes conséquences... Une petite règle qui change tout – c'est vrai en mathématique, c'est très attractif du point de vue poétique.

De nos jours, cet intérêt pour les contraintes se retrouve par exemple dans les œuvres de l'artiste de bande dessinée Étienne Lécroart, de l'OuBaPo (Ouvroir de bande dessinée potentielle), héritier de l'OuLiPo. Outre les illustrations qui ornent chaque chapitre de ce livre, Lécroart a composé des bandes dessinées incroyables... Dans l'une, les pages, pliées d'une certaine façon, permettent à des morceaux de cases de se rejoindre et à une nouvelle histoire d'émerger, avec un sens radicalement différent ; d'autres de ses œuvres sont palindromiques, de sorte qu'on peut les lire à l'envers ou à l'endroit, avec les mêmes bulles et les mêmes images ; d'autres suivent encore bien des règles étonnantes.

Autre façon d'introduire la mathématique dans l'élément poétique : en faire un usage incongru. Dans un texte du Collège de pataphysique, Boris Vian s'est ainsi livré à un exercice farfelu : le calcul numérique de Dieu. Il propose différents raisonnements : selon les cas, cela peut donner $1 + x$, ou 0, et ainsi de suite… au gré de toutes sortes de formules qui, bien sûr, n'ont globalement aucun sens, mais présentent une impression superficielle de logique par un procédé qui s'apparente au « marabout - bout de ficelle ». En somme, Vian se livre à une espèce de jeu de mots en formalisme mathématique permettant d'aboutir à un absurde impertinent.

Boris Vian aimait bien la mathématique ; comme Léo Ferré, il en a parfois glissé dans ses textes. Il a dit qu'il était commun de se vanter en France de ne rien comprendre en mathématique, avant d'ajouter : « Je pense que quelqu'un qui ne comprend rien aux mathématiques est un fieffé imbécile, et je ne vois pas ce qu'il y a de bien à se targuer de ne rien comprendre aux mathématiques et d'être un imbécile. » Évidemment, il était un brin provocateur, mais tous les mathématiciens qui ont déjà entendu mille fois leurs interlocuteurs affirmer avec un brin de fierté « Oh moi, les mathématiques, je n'y ai jamais rien compris… » comprendront parfaitement cet agacement !

INSPIREZ…

LÉCROART

Autre façon de trouver des liens entre mathématique et poésie : dans l'inspiration. Un concept mathématique peut inspirer une œuvre d'art poétique (je n'ai malheureusement pas d'exemple du contraire). Je citerai par exemple M. C. Escher, dont l'œuvre picturale a exploré tant de notions mathématiques : la récursivité, qui est la propriété de s'appliquer à soi-même, comme ses fameuses mains qui se dessinent l'une l'autre ; ou encore les géométries non euclidiennes, qui lui ont inspiré d'étonnants pavages ; ou encore des concepts abstraits qui se sont déclinés comme dans des rêveries – je pense à sa gravure *Relativité.* Il ne s'agit pas ici de vulgariser la théorie pour en faire comprendre le sens, pas forcément non plus d'utiliser une règle pour produire une œuvre mathématique. C'est vraiment d'inspiration qu'il est question, pour créer une œuvre qui a son existence artistique propre.

Cette voie me semble un rapport crucial entre le monde de l'art et le monde mathématique ; je l'ai exploré à l'occasion, par exemple dans *Théorème vivant*[6] en tentant de donner vie au théorème apparemment absurde de Scheffer-Shnirelman. Ce paradoxe, l'énoncé le plus surprenant de la mécanique des fluides, énonce qu'un fluide (non visqueux, incompressible) peut brusquement décider de s'agiter frénétiquement, sans qu'aucune force extérieure ne lui ait été appliquée[7]. La formulation mathématique est plus austère (« les équations d'Euler incompressibles admettent une solution distributionnelle non nulle à support compact en espace-temps »), la version imagée est la traduction drolatique dans le monde réel d'un énoncé qui aurait pu rester dans son monde mathématique.

Créer des liens

b
a
LÉCROART

Tous les liens entre mathématique et poésie que j'ai évoqués jusqu'ici font intervenir quelque chose d'extérieur à la mathématique : interaction avec le lecteur, interaction avec l'auteur, interaction entre littérature et mathématique, représentation dans notre monde d'une théorie mathématique, etc.

On peut maintenant se poser la question suivante : la mathématique a-t-elle une nature poétique intrinsèque, indépendamment de l'intervention d'un regard d'artiste ? Prenons les mathématiciens, seuls dans leur monde. Même s'ils ne cherchent pas à communiquer, y a-t-il une démarche poétique dans leur travail ? Comme on s'en doute, la réponse sera un vibrant oui.

D'abord parce qu'en mathématique, on cherche tout le temps des liens, des analogies, des comparaisons – procédé poétique classique.

J'ai tenté de mettre cela en abyme dans *Théorème vivant* : le mathématicien (votre serviteur) y écoute une chanson de Gribouille, sur un poème de Jean-Marie Huard, puis se met à travailler, à penser à des liens, ce qui lui fait de nouveau penser à la chanson. Il établit des liens dans son travail entre deux objets très différents ; et donc aussi entre son travail et la chanson, qui sont deux choses très différentes, parce que dans la chanson on établit un lien entre un marin et une rose, qui n'ont *a priori* rien à voir.

En fait c'est un classique : dans son travail, le mathématicien est amené à établir des connexions à l'intérieur de la mathématique entre des choses qui sont sans rapport les unes avec les autres. Les exemples sont nombreux ; des auteurs comme Gauss, Galois, Riemann, Poincaré, Bachelier, Noether, Serre, Grothendieck, Gromov, Wiles, Langlands, Thurston, Lieb-Thirring, Lawler-Schramm-Werner, et tant d'autres célèbres mathématiciens (ou équipes de mathématiciens) sont entrés dans la gloire en découvrant des correspondances inattendues.

Dans mes recherches, j'ai constamment été amené à faire ce genre de liens, par exemple entre un problème de géométrie et un autre de physique statistique ; j'ai eu la chance considérable de faire partie du groupe de mathématiciens qui a découvert le lien étroit entre géométrie non euclidienne (courbure de Ricci), optimisation (transport optimal) et physique statistique (entropie). On découvre ainsi des relations entre des concepts développés par des personnes différentes, dans des buts différents, au sein de théories différentes, souvent formulées différemment. Cette mise en commun est à la base de nombreux progrès en mathématique et de réalisations célèbres ; elle éclaire toutes les parties prenantes, et permet parfois de résoudre des problèmes de façon spectaculaire. « Faire des mathématiques, disait Henri Poincaré, c'est donner le même nom à deux choses différentes. » Pourquoi cela se produirait-il plus en mathématique que dans d'autres sciences ? Peut-être parce que les mathématiciens travaillent sur de l'abstrait, et que cette abstraction conceptuelle est souvent inhérente à plusieurs phénomènes.

J'aime dire que l'un des résultats les plus frappants qui soient en mathématique, et peut-être même dans toutes les sciences, est le théorème de la limite centrale, la loi des erreurs. C'est-à-dire que des erreurs indépendantes s'ajoutant les unes aux autres suivent (dans la bonne échelle de mesures) un profil universel, une courbe en cloche, avec une grande probabilité de petite erreur, et une très faible probabilité de grande erreur. Universelle, cette loi en cloche s'observe aussi bien dans les sondages politiques que dans les fluctuations du niveau des eaux, ou dans les mouvements de particules soumises à une agitation constante, ou encore dans la variation de la taille des individus – autant de phénomènes sans rapport les uns avec les autres. Un même phénomène abstrait a de nombreuses incarnations concrètes. Ce lien entre des éléments différents est à la base de nombreuses démarches mathématiques ; il est aussi au cœur de la poésie. Le poète mettra en relation une chose et une autre, un objet et un phénomène de la vie courante, par exemple, à travers des images, des allégories, des représentations et toutes sortes d'analogies.

Un univers portatif

LÉCROART

On peut apparenter la démarche mathématique à la démarche poétique pour une autre raison : son ambition de recréer un univers – un univers portatif, que l'on emporte avec soi ou que l'on invoque dans son cerveau. Le mathématicien transforme le monde extérieur en quelques équations, qu'il pourra garder en tête avant de travailler sur papier, de la même façon qu'un poème recrée un monde dans l'espace restreint de quelques strophes, permettant aux lecteurs de se l'approprier.

À dire la vérité, certaines réalités sont si inaccessibles que l'on pourrait aussi bien les considérer comme des fables ou des abstractions ; et la mathématique nous permet de leur donner une identité en formules. Songez aux planètes comme Jupiter, ou aux étoiles qui sont à des millions d'années-lumière et que nous n'atteindrons jamais : nous sommes capables, par l'abstraction, de représenter en quelques lignes les lois qui les gouvernent, les lois de Newton de la gravitation universelle. Nous pouvons ainsi prédire leur évolution sur des durées astronomiques. On peut voir cela comme la recréation d'un univers dans un espace conceptuellement si restreint que l'on est capable de le dominer. La chose la plus incroyable du monde, disait Einstein, c'est que le monde soit compréhensible... De fait, on peut en recréer les manifestations au moyen de quelques formules et équations mathématiques. Et la recréation, qui est la base de la démarche mathématique, touche à la poésie* dans sa nature profonde.

À ce propos, j'aime faire allusion à un poème célèbre, *La Dame de Shalott*, de Tennyson. Le poète y raconte une légende des temps arthuriens, où une malheureuse dame frappée d'une malédiction injuste se retrouve incapable de regarder le monde directement à l'œil nu ; elle est forcée de l'observer par le reflet d'un miroir. Un jour passe Lancelot, qui est fabuleusement beau, et c'est le coup de foudre... Elle ne peut

* Au sens étymologique, poésie (qui vient du grec ποίησις) = création.

s'empêcher de le regarder directement et se condamne ainsi à mort. Ce poème tragique a donné lieu à de nombreuses interprétations et questionnements : qu'est-ce que l'auteur a véritablement voulu dire ? J'aime imaginer (après tout, dans l'exégèse poétique, on est libre d'imaginer ce que l'on veut à défaut d'indications de l'auteur) que c'est une allégorie du mathématicien (ou plutôt de la mathématicienne !), incapable d'appréhender le monde directement par des expériences comme le fait le physicien, et ne pouvant au contraire l'étudier qu'à travers son reflet dans le monde mathématique : les équations.

La forme des mots

LÉCROART

La poésie accorde une grande importance au langage, au mot, à la forme, pour leur pouvoir évocateur, les impressions qu'ils peuvent susciter chez le lecteur. Et s'il y a une science dans laquelle le langage est important, c'est bien la mathématique. La mathématique est un langage, et c'est même le langage par excellence des sciences exactes*. Les physiciens, sans avoir forcément le même degré de rigueur que les mathématiciens, utilisent le formalisme de ceux-ci pour communiquer et traduire leurs découvertes.

Utilisée partout, la mathématique est devenue une langue universelle, l'une des très rares langues universelles actuelles... Davantage, en un sens, que

* On a parfois voulu l'utiliser comme langage des sciences humaines, mais cela s'est révélé bien moins convaincant...

la musique : car si tous les peuples chérissent la musique, les conventions musicales varient considérablement d'une culture à l'autre, alors que les conventions mathématiques sont partout les mêmes, ou peu s'en faut. C'est un langage universel dans lequel on sait précisément ce qu'on a mis, et dans lequel les symboles ont un rôle extrêmement important. Pas seulement pour la vérification, comme on pourrait le croire, mais aussi pour communiquer des idées et des impressions : entre mathématiciens, on utilise des symboles pour transmettre des idées précises [8]. Par exemple, si je vous dis *epsilon*, vous pensez à la lettre grecque ; si je vous dis qu'un nombre s'appelle *epsilon*, tout de suite vous vous dites : « Il est petit » ; on sait tous, entre mathématiciens, professionnels ou amateurs, que c'est un nombre très petit ; ce qui veut dire en fait qu'il va servir dans un raisonnement où la possibilité de le choisir arbitrairement petit sera cruciale. Chaque domaine a ses conventions : $f(x)$ est une fonction (évaluée en la variable x), M est variété, et ainsi de suite. De sorte que nombre de conventions transmettent du sens, à l'instar des mots du langage poétique qui charrient des impressions, un message, un contexte, un champ sémantique.

VISIONNAIRES

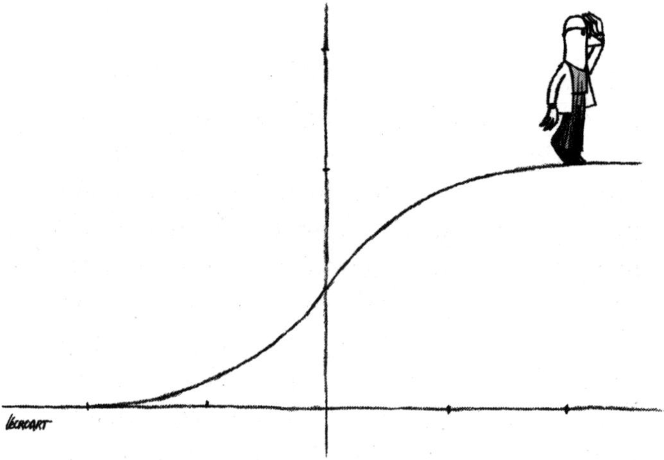
LECROART

Le mathématicien est avant tout un créatif, un créateur. Par rapport au bon mathématicien, un mathématicien excellent est quelqu'un qui crée, comprend, réécrit et voit les choses sous un angle nouveau. Comme un poète voit quelque chose d'extraordinaire dans un objet banal et nous l'explique en images et en mots. Pour prendre un exemple parmi cent (et ce n'est pas grave si vous ne comprenez pas de quoi il s'agit), l'incroyable démonstration par le mathématicien roumain Dan-Virigil Voiculescu de l'inégalité de Shannon-Stam (célèbre en théorie de l'information) au moyen de l'inégalité de Brunn-Minkowski (un classique en analyse géométrique) confère à Shannon-Stam un éclairage inouï, quelque chose qui vous fait songer très longuement au sens d'un objet que vous croyiez familier. La stupéfiante démonstration par Grothendieck du théorème de Riemann-Roch a bouleversé la façon que les mathématiciens avaient de penser à cet énoncé. On dit parfois que le génie consiste à atteindre une cible que les autres n'avaient même pas vue, de sorte que son existence est soudain mise au jour.

Parfois c'est la conclusion qui est un émerveillement, parfois c'est l'outil. Gromov a sidéré les géomètres en montrant l'usage puissant que l'on pouvait faire des outils les plus élémentaires comme l'inégalité triangulaire. Créativité incomparable également.

Pour cela, le mathématicien a besoin de travail, bien évidemment ; mais aussi d'inspiration. Sans inspiration, le mathématicien n'ira pas bien loin, et on peut dire la même chose du poète… « Nul ne peut être mathématicien s'il n'a l'âme d'un poète », disait la grande mathématicienne Sophia Kowalevskaya. L'inspiration peut venir d'une observation, d'un nouveau concept, d'un nouvel article, d'un calcul, ou de qui sait quoi. C'est parfois cette inspiration qui emplira les mathématiciens d'un vertige mêlé d'admiration et d'effroi (« Mais comment a-t-il fait pour imaginer cela ? »).

Prenez l'économiste et mathématicien John Nash. Les statisticiens connaissaient tous l'entropie, mais lui y a vu une interprétation possible qui servirait à étudier des équations dissipatives, et à en tirer des informations inattendues sur la régularité. Plus tard, Grigori Perelman a su utiliser l'entropie pour un délicat contrôle analytique qui était une des clés de la solution de la conjecture de Poincaré. L'un comme l'autre ont su voir l'entropie sous un angle différent de celui qui faisait foi. Les plus grands mathématiciens de ces dernières décennies partagent tous cette compétence, qui fait des grandes aventures mathématiques de véritables romans policiers pleins de rebondissements.

De façon remarquable, c'est parfois le caractère beau et inattendu d'une vision mathématique qui permet de convaincre les autres de son bien-fondé. Revenons par exemple sur la conjecture de Poincaré, célèbre conjecture de topologie qui a irrigué tout le XXe siècle et qu'il a fallu près de cent ans pour démontrer… Un jour, William Thurston est entré dans la danse. Géomètre visionnaire, il n'a pas démontré cette conjecture, mais il a montré que si elle était vraie, elle s'inscrirait dans un paysage extraordinaire avec toutes sortes de conséquences. Un peu comme si vous étiez face à une nouvelle espèce d'animal et qu'un taxonomiste vous disait :

« C'est une espèce parmi tout un ordre et voici comment l'ordre se présente. Je parie qu'on va découvrir ceci, cela. » Si la vision qui arrive est belle et harmonieuse, si elle vous fait rêver, vous allez y adhérer : c'est tellement beau que ce doit être vrai. Et c'est ce qui s'est produit avec Thurston. Avant lui, les gens ne savaient pas trop s'ils devaient croire à la conjecture de Poincaré. Mais il a montré qu'elle s'inscrivait dans un paysage potentiel tellement beau que tout le monde s'est mis à y croire. C'était une réinterprétation de la conjecture de Poincaré, mais aussi une façon de faire surgir un monde nouveau pour le donner à voir aux autres. En ce sens, Thurston était un poète.

Et d'ailleurs, le mot poésie s'est parfois retrouvé employé entre scientifiques comme un signe d'admiration. Lord Kelvin, le plus grand physicien de son époque, qualifiait de « poème mathématique » la théorie de son prédécesseur Fourier.

On pourrait poursuivre le parallèle entre la création du mathématicien et celle du poète en évoquant la passion de la création, l'angoisse de la page blanche, l'état de flot créatif, le rôle de l'intuition, ou encore celui de l'émerveillement. Poincaré disait que, en matière d'éducation, la chose la plus importante que les parents peuvent transmettre aux enfants est la faculté de s'émerveiller devant la nature... Et certainement, les plus précieuses possessions d'un mathématicien sont la faculté de se passionner pour un problème mathématique, et celle de s'émerveiller devant la beauté mathématique.

Cependant je préfère conclure ce chapitre sur la notion de style, chère aux artistes et bien évidemment aux poètes, mais aussi aux mathématiciens. Les mathématiciens ont des styles différents : dans la façon d'aborder les problèmes, de les écrire, de les résoudre. Grothendieck a écrit des pages magnifiques en la matière dans ses *Récoltes et semailles*, comparant son style de résolution de problèmes mathématiques à la méthode qui consisterait à plonger une noix dans un bain de liquide émollient, pour qu'elle finisse par s'ouvrir d'elle-même et sans effort... La brouillonnerie d'un Poincaré, la concision sibylline d'un Thom, la débauche technique d'un Bourgain, la limpidité d'un Doob ont été commentées par la communauté, de même que bien d'autres particularismes. Le style lumineux et informel du jeune Hörmander n'avait pas grand-chose à voir avec le style austère du même Hörmander plus âgé. Moi-même, dans ma vie de mathématicien, j'ai été amené à synthétiser les influences de différents confrères, un peu comme un artiste qui s'inspire d'untel et puis d'un autre, et qui crée son propre style en bâtissant, en partie en réaction à ses prédécesseurs, mais toujours aussi en s'en inspirant ; et j'ai vu mon propre style évoluer sans que je puisse y faire grand-chose* !

* Que de fois on m'a complimenté pour le style informel et frais de mon livre *Topics in Optimal Transportation* (2003)... Mais lors de sa réédition dix ans plus tard, je me suis demandé comment j'avais pu m'autoriser à l'écrire de façon aussi relâchée !

Poincaré et l'omnibus

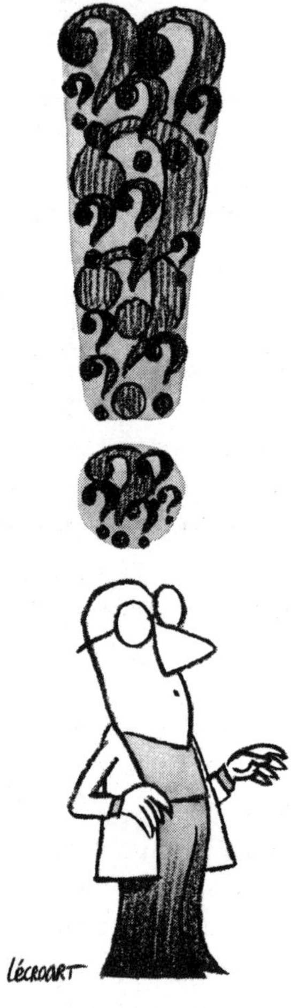
LÉCROART

Comment vient l'inspiration ? Pas de règle... Elle arrive souvent en un déclic, après de longs moments de travail acharné. Je ne pense pas qu'il y ait grande différence en la matière entre les mathématiciens et les poètes. Dans *Théorème vivant*, j'ai évoqué quelques inspirations soudaines, parfois surgissant de nulle part et parfois déclenchées par une séquence bien identifiée, ou encore par toute une ambiance, ou une action en apparence anodine.

Sur ce sujet, je laisse la parole à Henri Poincaré et à son célèbre texte sur la créativité. Il y décrit le rôle des mécanismes inconscients, des analogies, dans la description d'une situation mathématique, le lien entre des éléments distincts, le rôle du nouveau regard porté sur un objet, celui de l'inspiration extérieure. Inspiration que l'on tire non seulement de découvertes précédentes, mais aussi du monde environnant, d'un poème, d'une musique... ou de tout autre chose.

Chers lecteurs,

Pour découvrir le texte d'Henri Poincaré auquel se réfère ici Cédric Villani, nous vous invitons à tourner quelques pages. Les plus pressés d'entre vous pourront se contenter des pages 97 à 101, où ils trouveront la substantifique moelle, le célèbre passage mettant en scène une tasse de café, un marchepied et une falaise des environs de Caen. Les plus curieux se régaleront du chapitre entier (p. 87-113) et de la prose délicieuse du grand mathématicien.

Bonne lecture.

L'éditeur

Cet extrait de Poincaré est un des meilleurs témoignages de ce qui se passe dans la tête d'un grand mathématicien quand il est aux prises avec un problème. Remarquez qu'il a pris le parti d'insérer du jargon scientifique sans explication.

De fait, pour communiquer sur le mode de travail des scientifiques ou des mathématiciens, il ne faut pas que l'attention du lecteur se disperse sur autre chose. Si le lecteur est occupé à comprendre ce que sont les fonctions thétafuchsiennes, il prêtera moins d'attention à ces questions de café noir ou de promenade en omnibus – or Poincaré veut justement qu'on se concentre sur la promenade en omnibus et sur les circonstances !

Notez aussi l'alternance, que l'on connaît bien en recherche scientifique, entre des périodes d'exploration systématique et consciente et des flashs, petits ou grands, qui vous disent dans quelle direction aller. Ces mécanismes inconscients peuvent être déclenchés par n'importe quoi. Pour les plus jeunes lecteurs, c'est un argument à retenir, qui peut être extrêmement pratique… Si vous avez un devoir de mathématique rebelle à rendre pour le lendemain, et que vous devez quand même sortir retrouver vos amis, vous pouvez toujours expliquer à vos parents que vous allez chercher l'inspiration à l'extérieur – comme le faisait si bien Poincaré.

Ping-pong

LÉCROART

Dans le texte de Poincaré, observez aussi le rôle de l'analogie. On peut voir un élément poétique dans la façon dont il retranscrit son travail en empruntant des images au registre militaire : le corps de place, les ouvrages avancés, la chute, il se décrit comme un général qui placerait ses pions. Dans un travail de vulgarisation, il est souvent judicieux de se rattacher à des images que les gens connaissent bien.

Dans le texte suivant, j'ai utilisé une analogie avec un sport que je pratiquais passionnément dans mon jeune temps, le ping-pong (pardon, le tennis de table). J'y évoque le rôle des interactions dans le métier de scientifique, les échanges entre collaborateurs au quotidien, mais aussi au moment des exposés, des colloques et des séminaires. Tout cela forme une sorte de gigantesque partie dans laquelle jouent les mathématiciens.

> Face rouge, face noire, ornée d'un papillon bien connu des pongistes, ma raquette fut ma fière et fidèle alliée durant des milliers de parties acharnées. Il y a vingt ans, ayant perdu le temps et l'envie de battre l'adversaire, j'ai rangé ma raquette dans sa housse. Mais les services ricochant, *topspins* plongeants, blocs nerveux, poussettes tendues, *flips* nonchalants, smashes et relances reviennent souvent danser dans mon cerveau, de leurs trajectoires joliment tordues par l'effet Magnus. Et puis je me suis consacré à une autre partie : aux trajectoires sinueuses des théories et théorèmes que les scientifiques se renvoient les uns aux autres, tantôt fouettant, tantôt caressant, tantôt giflant la balle d'une gigantesque et très ancienne partie collective de ping-pong[9].

Ping-pong entre domaines mathématiques, mais aussi entre mathématiciens engagés dans une énorme partie collective – on pourrait développer longuement l'analogie. Remarquez au passage le terme technique qui s'est glissé dans cette représentation de ping-pong : « effet Magnus ». L'effet Magnus, en physique, c'est celui par lequel une balle tournante suit une trajectoire déformée. C'est par lui qu'on obtient une balle « liftée » : une balle qui, parce qu'elle tourne dans le même sens que celui où elle avance, aura tendance à plonger. Vous pouvez donc l'envoyer très fort, elle restera quand même dans les limites du court ou de la table de ping-pong. Une balle courte et coupée, au contraire, aura tendance à flotter et rebondira bas. C'est une balle plus molle, qui va mettre l'adversaire en difficulté, mais qui sortira facilement des limites imposées. Que ce soit au golf, au ping-pong ou au tennis, l'effet Magnus est fondamental et change toute la physionomie du jeu. Au football aussi, dans une moindre mesure : on le retrouve par exemple dans les trajectoires courbes des tireurs de coups francs. Inutile de dire qu'une énorme proportion (99,9 % ?) des joueurs apprennent à l'utiliser et à le domestiquer sans savoir ce dont il s'agit !

Ode à l'imperfection

Pour évoquer un concept ou un thème scientifique, racontez une histoire. En fait je crois qu'il n'y a que deux recettes universelles pour capter l'attention des humains, sous tous les cieux : les jeux et les histoires.

Pour parler de mathématique, on pourra souvent se baser sur un cheminement historique. Par exemple, pour parler de l'âge de la Terre, on relatera l'évolution de notre compréhension au cours des siècles, les théories de plus en plus précises qui ont été avancées, puis les importantes controverses nées autour du sujet (Darwin contre Kelvin), on dira comment on a pu se tromper royalement, et comment on a laissé passer l'occasion de faire des progrès considérables dans la géologie. Un fil narratif permet de montrer les connexions entre les concepts. J'ai employé ce procédé bien des fois dans mes conférences [10].

Les histoires à thème imposé peuvent être de beaux exercices de style. Je me suis livré à ce jeu en 2012 pour un festival milanais, La Milanesiana, dans lequel coexistent cinéma, littérature et sciences. Des scientifiques y sont régulièrement invités à proposer des textes sur un thème donné, dans une expression qui se veut poétique. C'est l'occasion de parler de leur discipline en cherchant à susciter chez l'auditeur des impressions, des émotions. Le thème qui m'a été imposé était celui de l'imperfection. Aussi je vous propose, en guise de conclusion, cette « Ode à l'imperfection », où vous retrouverez plusieurs des sujets qui nous ont accompagnés dans ces pages : la création, les contraintes, la beauté, le grand Henri Poincaré…

~

Il y a cent ans s'éteignait Henri Poincaré, « premier mathématicien de France et du monde », comme on le disait dans sa patrie, et dans le reste du monde aussi.

Bourgeois tranquille et replet, myope comme une taupe, il n'en a pas moins fait rêver les humains pour les siècles à venir, par la puissance de son esprit. Poincaré n'était pas seulement un grand mathématicien ; il était aussi un grand physicien, un grand astronome, un grand ingénieur, un grand philosophe, en un mot un grand homme universel, consulté au soir de sa vie comme un oracle sur tous les sujets. Symbole de la force et de l'unité de la pensée humaine, fragile et précieuse, sur laquelle il a écrit d'admirables pages.

> La pensée n'est qu'un éclair au milieu d'une longue nuit. Mais c'est cet éclair qui est tout [11].

Poincaré s'intéressait à tout, apprenait tout, révolutionnait les théories mathématiques et physiques, voyait tout en grand. Pas étonnant qu'il fît aussi de grandes erreurs ! Après tout, seuls les morts ne font pas d'erreurs ; et Poincaré n'était pas de ceux qui préfèrent se cantonner à des énoncés prudents et insipides qui n'ont même pas le mérite d'être faux.

Sa plus célèbre erreur, celle qui brillera longtemps dans la légende des sciences, il l'a commise en étudiant le problème des trois corps. Pourquoi trois corps ? Parce que l'on savait, depuis Newton, résoudre le problème de deux corps en interaction, mais pas celui de trois ou de quatre corps, ou de n'importe quel nombre plus élevé de corps. Prenez seulement deux corps massifs : la Terre et le Soleil par exemple ; faites abstraction de tout le reste de l'univers, et calculez leur mouvement à l'aide des équations de Newton. La solution est bientôt trouvée : la Terre dessine une merveilleuse ellipse autour du Soleil, une trajectoire simple et élégante, découverte il y a déjà plusieurs millénaires par les mathématiciens grecs, bien avant que l'on sache la Terre tournante – et redécouverte par l'astronome allemand Johannes Kepler avant même que Newton eût compris l'attraction gravitationnelle.

Avec deux corps, nous avons donc une belle ellipse, stable à l'infini, se répétant jusqu'à la fin des temps. Mais si l'on tient compte des autres corps, des autres planètes, que se passe-t-il ? Après tout, si la Terre est attirée irrésistiblement par le Soleil, elle est aussi influencée par Jupiter, Mars et toutes les planètes plus lointaines. Certes, ces influences ne pèsent pas lourd face à la formidable attraction solaire, mais ne seraient-elles pas capables de détraquer la belle machine ? La Terre continuera-t-elle de tourner pour toujours autour du Soleil, ou finira-t-elle un jour par entrer en collision avec une autre planète ? Dès que l'on tient compte de l'influence d'un troisième astre, on est perdu, on ne sait pas ce qui risque de se produire ; et dans le système solaire il y a neuf ou dix planètes, c'est encore pire ! Mais commençons avec trois corps, et cherchons la réponse au cœur des équations. Stabilité ou instabilité ?

À trente-cinq ans, pour prétendre au prix mathématique offert par le roi Oscar de Suède, Poincaré étudia le problème des trois corps, dans une version encore un peu simplifiée. Un problème qui le passionnait – lui qui n'aimait rien tant qu'observer le monde environnant pour en tirer les lois constitutives. Un problème qui lui permit de se dépasser ! Le jury n'eut pas de mal à reconnaître le style du jeune mathématicien français dans le manuscrit anonyme qui regorgeait d'idées nouvelles aux noms originaux, et qui démontrait la stabilité de manière si élégante. Poincaré gagna le prix haut la main.

Sa copie n'était pourtant pas parfaite, loin de là. Que de flou, que d'imprécisions, que d'ambiguïtés dans la démonstration de Poincaré ! Rien d'étonnant – tout le monde savait que le génial mathématicien n'était pas un modèle de clarté. Rédaction elliptique, assertions non justifiées, digressions pédagogiques brisant le rythme des arguments ; tout cela était familier aux lecteurs de Poincaré. Ses articles bouillonnaient d'idées, mais la vérification n'en était guère aisée, et personne ne fut surpris par la longueur de la liste de remarques que prépara Phragmén, le jeune et talentueux assistant chargé d'éditer le manuscrit de Poincaré.

Poincaré corrigea tant qu'il le put, jusqu'à être convaincu d'avoir tout repris en main. Un manuscrit bien construit, un édifice irréprochable !

Et pourtant, l'une des lézardes que Phragmén avait repérées dans le monument se mit à tourmenter Poincaré un peu plus qu'il ne le fallait. Un jour, il dut se rendre à l'évidence : tout était faux ! La fissure s'était agrandie, jusqu'à former un trou béant qui entraînait l'écroulement de toute l'architecture du théorème.

Mais Poincaré avait déjà reçu le prix, les honneurs et l'argent, son article était publié, partout on le célébrait. Quelle pression phénoménale sur les épaules du jeune mathématicien ! Que faire de cette preuve vérolée ?

Avant toute chose, éviter de répandre l'erreur – et l'éditeur réussit à rapatrier tous les exemplaires de l'article publié. Heureusement qu'Internet n'existait pas encore ! Il fut possible de tout récupérer, de tout détruire. L'affaire coûta cher à Poincaré, mais il en allait de sa réputation. Et il pouvait à nouveau faire travailler son puissant cerveau.

Et, à peine croyable ! Poincaré réussit à tout réparer. Avec une différence de taille, certes : sa conclusion avait changé du tout au tout, il avait mis le doigt sur une difficulté majeure et découvert comment l'instabilité pouvait naître dans la belle mécanique cosmique régie par des équations impeccables et précises comme des horloges.

Des équations plus exactes que la plus fiable des montres suisses, mais si sensibles aux conditions initiales que les prédictions ultimes peuvent en être modifiées par un grain de poussière, ou un frôlement d'aile de papillon, comme on le dira plus tard. Un autre Français, Jacques Hadamard, vient en renfort de Poincaré, et l'on est forcé de constater que la perfection keplérienne a laissé la place à une sublime imperfection, riche de possibles. Comme Christophe Colomb butant par mégarde sur l'Amérique, Poincaré a découvert un nouveau continent scientifique, un monde imparfait et chaotique dont les lois, même si elles sont au fond déterministes, mènent à des comportements imprévisibles qui ne peuvent désormais s'appréhender que sous l'angle statistique.

> Vous me demandez de vous prédire les phénomènes qui vont se produire. Si, par malheur, je connaissais les lois de ces phénomènes, je ne pourrais y arriver que par des calculs inextricables et je devrais renoncer à vous répondre ; mais, comme j'ai la chance de les ignorer, je vais vous répondre tout de suite. Et, ce qu'il y a de plus extraordinaire, c'est que ma réponse sera juste [12].

Grande découverte en vérité, et d'autant plus belle, avouons-le, qu'elle était marquée par une grossière erreur. Une erreur qui, avec le recul, ne paraît plus si grave, mais qui dessine une jolie tache de naissance. Une imperfection qui participe au charme de la théorie du chaos déterministe comme la petite main palmée de la jeune fille du *Procès* de Kafka participe à sa beauté.

Et puis malgré son revirement, Poincaré n'était pas allé jusqu'à remettre en question les lois fondamentales de Newton. L'essentiel était sauf, peut-être !

Et dix ans après les magnifiques errements de Poincaré, alors que l'on s'apprête à changer de siècle, les scientifiques peuvent se féliciter de voir toutes les lois de la physique identifiées ; pour la première fois l'humanité dispose de théories cohérentes qui expliquent tout : la mécanique, l'astronomie, l'électromagnétisme, les fluides et les ondes…

À dire la vérité, il reste bien un ou deux points inexpliqués. L'expérience de Michelson, le rayonnement du corps noir… une ou deux petites aspérités sur le gigantesque diamant. On va s'employer à les polir.

Las ! Mises au jour, les petites impuretés prennent une ampleur démesurée, échappent au contrôle des tailleurs de pierre. La controverse enfle, on parle bientôt de catastrophe ultraviolette, une catastrophe par où rayonnent une, deux, trois révolutions. La transmutation radioactive des éléments, la relativité, la physique quantique… Il fallut trente ans pour explorer ces nouveaux horizons, qui firent briller d'un éclat différent la lumière, l'énergie et la matière, devenues d'ailleurs improbables synonymes.

Nietzsche l'avait dit : il faut avoir encore du chaos en soi pour accoucher d'une étoile dansante. Poincaré nous a montré que la physique de Newton contenait encore du chaos, et cette physique déterministe a accouché de l'imprédictibilité. Quant à la physique fondamentale du début du XXe siècle, avec son masque de perfection, elle contenait encore assez de chaos pour accoucher de pas moins de trois étoiles dansantes.

Tiens, des étoiles dansantes… Belle formule, on pense à quelque chose qui scintille, quelque chose de parfait, non ? Les étoiles si belles et parfaites, dansant au son de la musique des sphères ?

Quelle blague ! Les étoiles, c'est un grand bazar, le règne de la confusion et de l'instabilité. Avez-vous jamais réfléchi au fait que les gaz s'organisent de manière homogène, se répandent partout, harmonieusement et uniformément, alors que les étoiles, bien au contraire, aiment à se concentrer en « clusters » irréguliers, séparés par d'immenses vides ? Et voilà les étoiles se regroupant en galaxies, les galaxies en amas de galaxies, les amas en superamas. La partition que jouent les étoiles n'est pas harmonieuse et régulière, elle est pleine de grumeaux, fractale peut-être. À défaut de connaître le compositeur, on connaît le chef d'orchestre de cet étrange ballet stellaire : l'équation de Newton comme toujours, et sa version statistique, l'équation de Vlasov. C'est dans ces équations que l'on traque les propriétés des astres, et l'analyse mathématique nous fournit la clé du comportement irrégulier : l'instabilité de Jeans, qui empêche la matière homogène d'être stable aux grandes longueurs d'onde. Une instabilité – comme une imperfection érigée en loi, un *clinamen* mathématique d'où naît toute la structure cosmique.

Quant à la musique, ce n'est pas plus parfait que le mouvement des étoiles. Certes, la musique au départ est un art mathématique construit sur les rapports de fréquences, depuis Pythagore et peut-être bien avant. À 440 battements par seconde, vous entendez un *la*, et si vous doublez la fréquence ce sera encore un *la*, une octave plus haut ; et à chaque fois que vous doublez, vous gagnez une octave. Et puis si vous triplez la fréquence, ce sera une octave plus une quinte, un *mi*, et vous pouvez ainsi voyager d'octave en octave et de quinte en quinte rien qu'avec des facteurs 2 et 3.

Du moins… c'est ce que l'on aimerait faire. Mais vous pouvez toujours essayer, il est impossible de construire ainsi une gamme parfaite. Car une succession de doubles ne fera jamais une succession de triples, une puissance de 2 ne sera jamais égale à une puissance de 3. Vient le moment où il faut tricher pour construire la gamme, décider comme par décret d'une imperfection constitutive. Soit définir le comma pythagoricien, cette petite béance qui brisera la symétrie naturelle, soit ravager les agencements de fréquences exactes et introduire systématiquement l'irrationnel, au sens premier du terme. Ainsi est notre musique : imparfaite par nature ! Et pourtant si riche, familière et pleine de possibles.

Après tout, l'imperfection nous est familière. Nous baignons dans l'imperfection, nous sommes les enfants de l'imperfection, nous lui devons tout. C'est l'imperfection de la reproduction qui a permis l'évolution des espèces ; des centaines de millions de mutations, peut-être, depuis l'invention de la bactérie, ont fait ce que nous sommes ; sélectionnés par l'ampleur de nos populations, d'erreur de transcription en erreur de transmission. Comme le clamait la chanteuse rebelle Mama Béa Tékielski : « Nous sommes le résultat d'une équation fausse. » Heureusement ! L'imperfection, statutaire et salutaire, est notre force ; tous parfaits, nous serions condamnés. La variabilité génétique est notre meilleur atout face aux menaces changeantes du monde biologique. Et elle donne lieu à de si merveilleux mélanges.

L'imperfection, on la retrouve dans tout ce que nous faisons. Dans les langues, dont la fabuleuse diversité est le résultat des innombrables erreurs de restitution, fautes d'orthographe et de grammaire, déformations et malprononciations, mauvais latin gélifié en bon italien, dialectes incertains ravagés par des accents tenaces, et cent mille histoires d'erreurs piédestalisées qui font notre monumentale tour de Babel.

L'imperfection est aussi, cela va de soi, tapie dans tous nos programmes informatiques, de plus en plus monumentaux, dont nul ne pourra éradiquer tous les *bugs*…

Et dans nos réalisations technologiques, condamnées à vivre avec leurs erreurs de conception primordiales, que nul progrès ne pourra amender – comme nos machines écrivantes, affublées, pour toujours peut-être, d'un clavier à l'agencement absurdement inefficace.

Mais la pensée, cet éclair dont nous sommes si fiers, n'est-elle pas parfaite ? Laissez-nous rire ! La pensée humaine, quelle confusion. Ce n'est qu'à grand-peine qu'elle a créé le raisonnement mathématique, parfait dans sa forme et sa logique ; mais ce n'est pas là son état premier. Poincaré l'a bien expliqué en analysant certaines de ses plus magistrales découvertes : les associations d'idées, spontanées et incompréhensibles, y succèdent aux périodes de réflexion consciente, dans un chaos imprévisible qui est à l'image de ses théories physiques.

« L'erreur le conduisit par hasard à la vérité », avait dit Voltaire de Kepler[13] ; on aurait pu dire la même chose de Poincaré, comme de Wiles ou de bien d'autres, sans méconnaître le formidable mélange de labeur et d'imagination dans lequel s'inscrivaient leurs erreurs. Mélange enrichi, dans le cas de Kepler, par des rêveries mystiques absurdes. « Il y a tels esprits qui ont besoin de s'appuyer sur la géométrie, et qui tombent quand ils veulent marcher seuls », disait encore Voltaire pour l'excuser ; mais n'est-ce pas plutôt que les mathématiciens doivent aussi s'appuyer sur l'irrationnel, sur leur intuition nourrie aux sources les plus étranges ?

Quelles qu'en soient les causes, même les meilleurs mathématiciens sont en butte aux erreurs, comme le montre l'exemple Poincaré. Parfois ils se font prendre tout à la fois par deux erreurs qui ont le bon goût de s'annuler, comme Galilée décrivant la trajectoire d'un boulet de canon. Parfois ils se heurtent à trois erreurs qui se renforcent, comme lord Kelvin calculant l'âge de la Terre ! Les exemples et contre-exemples se multiplieraient à l'infini, révélant que l'erreur n'est pas un simple obstacle sur la route : c'est aussi un élément du cheminement.

Et il n'y a là rien de tragique ; dans le domaine de la pensée humaine comme dans celui des langues et dans celui de la biologie, heureusement que l'erreur est possible, c'est d'elle que naîtra l'inattendu et parfois le sublime !

Allons chercher l'erreur chez un autre symbole de l'illumination constructive, le grand John Nash, qui en dix ans et trois théorèmes révolutionna toute l'analyse mathématique avant de recevoir le prix Nobel pour ses travaux de jeunesse.

Quand il travaille à démontrer le théorème du plongement isométrique, répondant à un défi lancé par un collègue qu'il a exaspéré par sa morgue, il a conscience de faire quelque chose de grand. Et c'est avec fierté qu'à l'issue d'une gestation chaotique, il soumet à ses pairs un manuscrit sinueux d'une incroyable complexité, un magma dont les principales idées surnagent à grand-peine, une démonstration crue que son collègue Herbert Federer devra remettre en forme au prix de tourments infinis.

Une solution si confuse ! Alors qu'une autre voie existe ; trente ans plus tard, le mathématicien allemand Matthias Günther trouvera une solution si simple, si élégante, si parfaite !

Et pourtant, heureusement que Nash ne l'a pas vue, cette solution parfaite. De son magma, repris et simplifié maintes fois, partiellement faux, est finalement née la technique la plus puissante de l'analyse perturbative non linéaire, la méthode de Nash-Moser, dont l'importance dépasse de très loin le cadre du plongement isométrique – une méthode universelle que nous continuerons à enseigner à nos étudiants pendant les siècles à venir.

Oui, c'est bien de l'imperfection que naissent les grands progrès.

Comme l'a dit le chanteur-poète Fabrizio De André, touché par la grâce de l'inspiration,

Dai diamanti non nasce niente
Dal letame nascono i fiori

Des diamants ne naît jamais rien
De la tourbe naissent les fleurs

Henri Poincaré

L'INVENTION MATHÉMATIQUE

Texte tiré de *Science et méthode*, Paris, Flammarion, 1908.

La genèse de l'invention mathématique est un problème qui doit inspirer le plus vif intérêt au psychologue. C'est l'acte dans lequel l'esprit humain semble le moins emprunter au monde extérieur, où il n'agit ou ne paraît agir que par lui-même et sur lui-même, de sorte qu'en étudiant le processus de la pensée géométrique, c'est ce qu'il y a de plus essentiel dans l'esprit humain que nous pouvons espérer atteindre.

On l'a compris depuis longtemps, et, il y a quelques mois, une revue intitulée *L'Enseignement mathématique*, et dirigée par MM. Laisant et Fehr, a entrepris une enquête sur les habitudes d'esprit et les méthodes de travail des différents mathématiciens. J'avais arrêté les principaux traits de ma conférence quand les résultats de cette enquête ont été publiés ; je n'ai donc guère pu les utiliser. Je me bornerai à dire que la majorité des témoignages confirment mes conclusions ; je ne dis pas l'unanimité, car, quand on consulte le suffrage universel, on ne peut se flatter de réunir l'unanimité.

Un premier fait doit nous étonner, ou plutôt devrait nous étonner, si nous n'y étions si habitués. Comment se fait-il qu'il y ait des gens qui ne comprennent pas les mathématiques ? Si les mathématiques n'invoquent que les règles de la logique, celles qui sont acceptées par tous les esprits bien faits, si leur évidence est fondée sur des principes qui sont communs à tous les hommes et que nul ne saurait nier sans être fou, comment se fait-il qu'il y ait tant de personnes qui y soient totalement réfractaires ?

Que tout le monde ne soit pas capable d'invention, cela n'a rien de mystérieux. Que tout le monde ne puisse retenir une démonstration qu'il a apprise autrefois, passe encore. Mais que tout le monde ne puisse pas comprendre un raisonnement mathématique au moment où on le lui expose, voilà qui paraît bien surprenant quand on y réfléchit. Et pourtant ceux qui ne peuvent suivre ce raisonnement qu'avec peine sont en majorité ; cela est incontestable, et l'expérience des maîtres de l'enseignement secondaire ne me contredira certes pas.

Et il y a plus ; comment l'erreur est-elle possible en mathématiques ? Une intelligence saine ne doit pas commettre de faute de logiquc, et cependant il y a des esprits très fins, qui ne broncheront pas dans un raisonnement court tel que ceux que l'on a à faire dans les actes ordinaires de la vie, et qui sont incapables de suivre ou de répéter sans erreur les démonstrations des mathématiques qui sont plus longues, mais qui ne sont, après tout, qu'une accumulation de petits raisonnements tout à fait analogues à ceux qu'ils font si facilement. Est-il nécessaire d'ajouter que les bons mathématiciens eux-mêmes ne sont pas infaillibles ?

La réponse me semble s'imposer. Imaginons une longue série de syllogismes, et que les conclusions des premiers servent de prémisses aux suivants ; nous serons capables de saisir chacun de ces syllogismes, et ce n'est pas dans le passage des prémisses à la conclusion que nous risquons de nous tromper. Mais, entre le moment où nous rencontrons pour la première fois une proposition, comme conclusion d'un syllogisme, et celui où nous la retrouvons comme prémisse d'un autre syllogisme, il se sera écoulé parfois beaucoup de temps, on aura déroulé de nombreux anneaux de la chaîne ; il peut donc arriver qu'on l'ait oubliée, ou, ce qui est plus grave, qu'on en ait oublié le sens. Il peut donc se faire qu'on la remplace par une proposition un peu différente, ou que, tout en conservant le même énoncé, on lui attribue un sens un peu différent, et c'est ainsi qu'on est exposé à l'erreur.

Souvent le mathématicien doit se servir d'une règle : naturellement il a commencé par démontrer cette règle ; au moment où cette démonstration était toute fraîche dans son souvenir, il en comprenait parfaitement le sens et la portée, et il ne risquait pas de l'altérer. Mais ensuite il l'a confiée à sa mémoire et il ne l'applique plus que d'une façon mécanique ; alors, si la mémoire lui fait défaut, il peut l'appliquer tout de travers. C'est ainsi, pour prendre un exemple simple et presque vulgaire, que nous faisons quelquefois des fautes de calcul parce que nous avons oublié notre table de multiplication.

À ce compte, l'aptitude spéciale aux mathématiques ne serait due qu'à une mémoire très sûre, ou bien à une force d'attention prodigieuse. Ce serait une qualité analogue à celle du joueur de whist, qui retient les cartes tombées ; ou bien, pour nous élever d'un degré, à celle du joueur d'échecs, qui peut envisager un nombre très grand de combinaisons et les garder dans sa mémoire. Tout bon mathématicien devrait être en même temps bon joueur d'échecs, et inversement ; il devrait être également un bon calculateur numérique. Certes, cela arrive quelquefois : ainsi Gauss était à la fois un géomètre de génie et un calculateur très précoce et très sûr.

Mais il y a des exceptions, ou plutôt je me trompe ; je ne puis pas appeler cela des exceptions, sans quoi les exceptions seraient plus nombreuses que les cas conformes à la règle. C'est Gauss, au contraire, qui était une exception. Quant à moi, je suis obligé de l'avouer, je suis absolument incapable de faire une addition sans faute. Je serais également un fort mauvais joueur d'échecs ; je calculerais bien qu'en jouant de telle façon, je m'expose à tel danger ; je passerais en revue beaucoup d'autres coups que je rejetterais pour d'autres raisons, et je finirais par jouer le coup d'abord examiné, ayant oublié dans l'intervalle le danger que j'avais prévu.

En un mot, ma mémoire n'est pas mauvaise, mais elle serait insuffisante pour faire de moi un bon joueur d'échecs. Pourquoi donc ne me fait-elle pas défaut dans un raisonnement mathématique difficile, où la plupart des joueurs d'échecs se perdraient ? C'est évidemment parce qu'elle est guidée par la marche générale du raisonnement. Une démonstration mathématique n'est pas une simple juxtaposition de syllogismes : ce sont des syllogismes placés dans un certain ordre, et l'ordre dans lequel ces éléments sont placés est beaucoup plus important que ne le sont ces éléments eux-mêmes. Si j'ai le sentiment, l'intuition, pour ainsi dire, de cet ordre, de façon à apercevoir d'un coup d'œil l'ensemble du raisonnement, je ne dois plus craindre d'oublier l'un des éléments ; chacun d'eux viendra se placer de lui-même dans le cadre qui lui est préparé, et sans que j'aie à faire aucun effort de mémoire.

Il me semble alors, en répétant un raisonnement appris, que j'aurais pu l'inventer ; ou plutôt, même si cela est une illusion, si je ne suis pas assez fort pour créer par moi-même, je le réinvente moi-même, à mesure que je le répète.

On conçoit que ce sentiment, cette intuition de l'ordre mathématique, qui nous fait deviner des harmonies et des relations cachées, ne puisse appartenir à tout le monde. Les uns ne posséderont ni ce sentiment délicat et difficile à définir, ni une force de mémoire et d'attention au-dessus de l'ordinaire, et alors ils seront absolument incapables de comprendre les mathématiques un peu élevées ; c'est le plus grand nombre. D'autres n'auront ce sentiment qu'à un faible degré, mais ils seront doués d'une mémoire peu commune et d'une grande capacité d'attention. Ils apprendront par cœur les détails les uns après les autres ; ils pourront comprendre les mathématiques et quelquefois les appliquer, mais ils seront hors d'état de créer. Les autres, enfin, posséderont à un plus ou moins haut degré l'intuition spéciale dont je viens de parler, et alors non seulement ils pourront comprendre les mathématiques, quand même leur mémoire n'aurait rien d'extraordinaire, mais ils pourront devenir créateurs et chercher à inventer avec plus ou moins de succès, suivant que cette intuition est chez eux plus ou moins développée.

Qu'est-ce, en effet, que l'invention mathématique ? Elle ne consiste pas à faire de nouvelles combinaisons avec des êtres mathématiques déjà connus. Cela, n'importe qui pourrait le faire ; mais les combinaisons que l'on pourrait faire ainsi seraient en nombre fini, et le plus grand nombre est absolument dépourvu d'intérêt. Inventer, cela consiste précisément à ne pas construire les combinaisons inutiles et à construire celles qui sont utiles et qui ne sont qu'une infime minorité. Inventer, c'est discerner, c'est choisir.

Comment doit se faire ce choix, je l'ai expliqué ailleurs ; les faits mathématiques dignes d'être étudiés, ce sont ceux qui, par leur analogie avec d'autres faits, sont susceptibles de nous conduire à la connaissance d'une loi mathématique, de la même façon que les faits expérimentaux nous conduisent à la connaissance d'une loi physique. Ce sont ceux qui nous révèlent des parentés insoupçonnées entre d'autres faits, connus depuis longtemps, mais qu'on croyait à tort étrangers les uns aux autres.

Parmi les combinaisons que l'on choisira, les plus fécondes seront souvent celles qui sont formées d'éléments empruntés à des domaines très éloignés. Je ne veux pas dire qu'il suffise pour inventer de rapprocher des objets aussi disparates que possible ; la plupart des combinaisons qu'on formerait ainsi seraient entièrement stériles ; mais quelques-unes d'entre elles, bien rares, sont les plus fécondes de toutes.

Inventer, je l'ai dit, c'est choisir ; mais le mot n'est peut-être pas tout à fait juste. Il fait penser à un acheteur à qui l'on présente un grand nombre d'échantillons, qui les examine l'un après l'autre de façon à faire son choix. Ici les échantillons seraient tellement nombreux qu'une vie entière ne suffirait pas pour les examiner. Ce n'est pas ainsi que les choses se passent. Les combinaisons stériles ne se présenteront même pas à l'esprit de l'inventeur. Dans le champ de sa conscience n'apparaîtront jamais que les combinaisons réellement utiles, et quelques autres qu'il rejettera, mais qui participent un peu des caractères des combinaisons utiles. Tout se passe comme si l'inventeur était un examinateur du deuxième degré, qui n'aurait plus à interroger que les candidats déclarés admissibles après une première épreuve.

Mais ce que j'ai dit jusqu'ici, c'est ce qu'on peut observer ou inférer en lisant les écrits des géomètres, à la condition de faire cette lecture avec quelque réflexion.

Il est temps de pénétrer plus avant et de voir ce qui se passe dans l'âme même du mathématicien. Pour cela, je crois que ce que j'ai de mieux à faire, c'est de rappeler des souvenirs personnels. Seulement, je vais me circonscrire et vous raconter seulement comment j'ai écrit mon premier mémoire sur les fonctions fuchsiennes. Je vous demande pardon, je vais employer quelques expressions techniques ; mais elles ne doivent pas vous effrayer, vous n'avez aucun besoin de les comprendre. Je dirai, par exemple : j'ai trouvé la démonstration de tel théorème dans telles circonstances ; ce théorème aura un nom barbare, que beaucoup d'entre vous ne connaîtront pas, mais cela n'a aucune importance ; ce qui est intéressant pour le psychologue, ce n'est pas le théorème, ce sont les circonstances.

Depuis quinze jours, je m'efforçais de démontrer qu'il ne pouvait exister aucune fonction analogue à ce que j'ai appelé depuis les fonctions fuchsiennes ; j'étais alors fort ignorant ; tous les jours, je m'asseyais à ma table de travail, j'y passais une heure ou deux, j'essayais un grand nombre de combinaisons et je n'arrivais à aucun résultat. Un soir, je pris du café noir contrairement à mon habitude ; je ne pus m'endormir ; les idées surgissaient en foule ; je les sentais comme se heurter, jusqu'à ce que deux d'entre elles s'accrochassent pour ainsi dire pour former une combinaison stable. Le matin, j'avais établi l'existence d'une classe de fonctions fuchsiennes, celles qui dérivent de la série hypergéométrique ; je n'eus plus qu'à rédiger les résultats, ce qui ne me prit que quelques heures.

Je voulus ensuite représenter ces fonctions par le quotient de deux séries ; cette idée fut parfaitement consciente et réfléchie ; l'analogie avec les fonctions elliptiques me guidait. Je me demandai quelles devaient être les propriétés de ces séries si elles existaient, et j'arrivai sans difficulté à former les séries que j'ai appelées thétafuchsiennes.

À ce moment, je quittai Caen, que j'habitais alors, pour prendre part à une course géologique entreprise par l'École des mines. Les péripéties du voyage me firent oublier mes travaux mathématiques ; arrivés à Coutances, nous montâmes dans un omnibus pour je ne sais quelle promenade ; au moment où je mettais le pied sur le marchepied, l'idée me vint, sans que rien de mes pensées antérieures parût m'y avoir préparé, que les transformations dont j'avais fait usage pour définir les fonctions fuchsiennes sont identiques à celles de la géométrie non euclidienne. Je ne fis pas la vérification ; je n'en aurais pas eu le temps, puisque, à peine assis dans l'omnibus, je repris la conversation commencée, mais j'eus tout de suite une entière certitude. De retour à Caen, je vérifiai le résultat à tête reposée pour l'acquit de ma conscience.

Je me mis alors à étudier des questions d'arithmétique sans grand résultat apparent et sans soupçonner que cela pût avoir le moindre rapport avec mes recherches antérieures. Dégoûté de mon insuccès, j'allai passer quelques jours au bord de la mer, et je pensai à tout autre chose. Un jour, en me promenant sur une falaise, l'idée me vint, toujours avec les mêmes caractères de brièveté, de soudaineté et de certitude immédiate, que les transformations arithmétiques des formes quadratiques ternaires indéfinies sont identiques à celles de la géométrie non euclidienne.

Étant revenu à Caen, je réfléchis sur ce résultat, et j'en tirai les conséquences ; l'exemple des formes quadratiques me montrait qu'il y a des groupes fuchsiens autres que ceux qui correspondent à la série hypergéométrique ; je vis que je pouvais leur appliquer la théorie des séries thétafuchsiennes et que, par conséquent, il existe des fonctions fuchsiennes autres que celles qui dérivent de la série hypergéométrique, les seules que je connusse jusqu'alors. Je me proposai naturellement de former toutes ces fonctions ; j'en fis un siège systématique et j'enlevai l'un après l'autre tous les ouvrages avancés ; il y en avait un, cependant, qui tenait encore et dont la chute devait entraîner celle du corps de place. Mais tous mes efforts ne servirent d'abord qu'à me mieux faire connaître la difficulté, ce qui était déjà quelque chose. Tout ce travail fut parfaitement conscient.

Là-dessus, je partis pour le Mont-Valérien, où je devais faire mon service militaire ; j'eus donc des préoccupations très différentes. Un jour, en traversant le boulevard, la solution de la difficulté qui m'avait arrêté m'apparut tout à coup. Je ne cherchai pas à l'approfondir immédiatement, et ce fut seulement après mon service que je repris la question. J'avais tous les éléments, je n'avais qu'à les rassembler et à les ordonner. Je rédigeai donc mon mémoire définitif d'un trait et sans aucune peine.

Je me bornerai à cet exemple unique ; il est inutile de les multiplier ; en ce qui concerne mes autres recherches, j'aurais à vous faire des récits tout à fait analogues ; et les observations rapportées par d'autres mathématiciens dans l'enquête de l'enseignement mathématique ne pourraient que les confirmer.

Ce qui frappera tout d'abord, ce sont ces apparences d'illumination subite, signes manifestes d'un long travail inconscient antérieur ; le rôle de ce travail inconscient, dans l'invention mathématique, me paraît incontestable et l'on en trouverait des traces dans d'autres cas où il est moins évident. Souvent, quand on travaille une question difficile, on ne fait rien de bon la première fois qu'on se met à la besogne ; ensuite, on prend un repos plus ou moins long, et on s'assoit de nouveau devant sa table. Pendant la première demi-heure, on continue à ne rien trouver ; puis, tout à coup, l'idée décisive se présente à l'esprit. On pourrait dire que le travail conscient a été plus fructueux parce qu'il a été interrompu et que le repos a rendu à l'esprit sa force et sa fraîcheur. Mais il est plus probable que ce repos a été rempli par un travail inconscient, et que le résultat de ce travail s'est révélé ensuite au géomètre, tout à fait comme dans les cas que j'ai cités ; seulement la révélation, au lieu de se faire jour pendant une promenade ou un voyage, s'est produite pendant une période de travail conscient, mais indépendamment de ce travail, qui joue tout au plus un rôle de déclenchement, comme s'il était l'aiguillon qui aurait excité les résultats déjà acquis pendant le repos, mais restés inconscients, à revêtir la forme consciente.

Il y a une autre remarque à faire au sujet des conditions de ce travail inconscient : c'est qu'il n'est possible et, en tout cas, qu'il n'est fécond que s'il est, d'une part, précédé, et, d'autre part, suivi d'une période de travail conscient. Jamais (et les exemples que je vous ai cités le prouvent déjà suffisamment) ces inspirations subites ne se produisent sinon après quelques jours d'efforts volontaires, qui ont paru absolument infructueux et où l'on a cru ne rien faire de bon, où il semble qu'on a fait totalement fausse route. Ces efforts n'ont donc pas été aussi stériles qu'on le pense ; ils ont mis en branle la machine inconsciente, et sans eux elle n'aurait pas marché et elle n'aurait rien produit.

La nécessité de la seconde période de travail conscient, après l'inspiration, se comprend mieux encore. Il faut mettre en œuvre les résultats de cette inspiration, en déduire les conséquences immédiates, les ordonner, rédiger les démonstrations. Mais surtout il faut les vérifier. Je vous ai parlé du sentiment de certitude absolue qui accompagne l'inspiration ; dans les cas cités, ce sentiment n'était pas trompeur, et le plus souvent, il en est ainsi ; mais il faut se garder de croire que ce soit une règle sans exception ; souvent ce sentiment nous trompe, sans pour cela être moins vif, et l'on ne s'en aperçoit que quand on cherche à mettre la démonstration sur pied. J'ai observé surtout le fait pour les idées qui me sont venues le matin ou le soir dans mon lit, dans un état semi-hypnagogique.

Tels sont les faits, et voici maintenant les réflexions qu'ils nous imposent. Le moi inconscient ou, comme on dit, le moi subliminal joue un rôle capital dans l'invention mathématique ; cela résulte de tout ce qui précède. Mais on considère d'ordinaire le moi subliminal comme purement automatique. Or nous avons vu que le travail mathématique n'est pas un simple travail mécanique, qu'on ne saurait le confier à une machine, quelque perfectionnée qu'on la suppose. Il ne s'agit pas seulement d'appliquer des règles, de fabriquer le plus de combinaisons possible d'après certaines lois fixes. Les combinaisons ainsi obtenues seraient extrêmement nombreuses, inutiles et encombrantes. Le véritable travail de l'inventeur consiste à choisir entre ces combinaisons, de façon à éliminer celles qui sont inutiles ou plutôt à ne pas se donner la peine de les faire. Et les règles qui doivent guider ce choix sont extrêmement fines et délicates ; il est à peu près impossible de les énoncer dans un langage précis ; elles se sentent plutôt qu'elles ne se formulent ; comment, dans ces conditions, imaginer un crible capable de les appliquer mécaniquement ?

Et alors une première hypothèse se présente à nous ; le moi subliminal n'est nullement inférieur au moi conscient ; il n'est pas purement automatique, il est capable de discernement, il a du tact, de la délicatesse ; il sait choisir, il sait deviner. Que dis-je ? Il sait mieux deviner que le moi conscient, puisqu'il réussit là où celui-ci avait échoué. En un mot, le moi subliminal n'est-il pas supérieur au moi conscient ? Vous comprenez toute l'importance de cette question. M. Boutroux, dans une conférence récente, vous a montré comment elle s'était posée à des occasions toutes différentes et quelles conséquences entraînerait une réponse affirmative*.

Cette réponse affirmative nous est-elle imposée par les faits que je viens de vous exposer ? J'avoue que, pour ma part, je ne l'accepterais pas sans répugnance. Revoyons donc les faits et cherchons s'ils ne comporteraient pas une autre explication.

Il est certain que les combinaisons qui se présentent à l'esprit, dans une sorte d'illumination subite, après un travail inconscient un peu prolongé, sont généralement des combinaisons utiles et fécondes, qui semblent le résultat d'un premier triage. S'ensuit-il que le moi subliminal,

* Voir aussi du même auteur, *Science et religion dans la philosophie contemporaine*, Flammarion, 1908, p. 313 *sq.*

ayant deviné par une intuition délicate que ces combinaisons pouvaient être utiles, n'a formé que celles-là, ou bien en a-t-il formé beaucoup d'autres qui étaient dépourvues d'intérêt et qui sont demeurées inconscientes ?

Dans cette seconde manière de voir, toutes les combinaisons se formeraient par suite de l'automatisme du moi subliminal, mais, seules, celles qui seraient intéressantes pénétreraient dans le champ de la conscience. Et cela est encore très mystérieux. Quelle est la cause qui fait que, parmi les mille produits de notre activité inconsciente, il y en a qui sont appelés à franchir le seuil, tandis que d'autres restent en deçà ? Est-ce un simple hasard qui leur confère ce privilège ? Évidemment non ; parmi toutes les excitations de nos sens, par exemple, les plus intenses seules retiendront notre attention, à moins que cette attention n'ait été attirée sur elles par d'autres causes. Plus généralement, les phénomènes inconscients privilégiés, ceux qui sont susceptibles de devenir conscients, ce sont ceux qui, directement ou indirectement, affectent le plus profondément notre sensibilité.

On peut s'étonner de voir invoquer la sensibilité à propos de démonstrations mathématiques, qui, semble-t-il, ne peuvent intéresser que l'intelligence. Ce serait oublier le sentiment de la beauté mathématique, de l'harmonie des nombres et des formes, de l'élégance géométrique. C'est un véritable sentiment esthétique que tous les vrais mathématiciens connaissent. Et c'est bien là de la sensibilité.

Or, quels sont les êtres mathématiques auxquels nous attribuons ce caractère de beauté et d'élégance et qui sont susceptibles de développer en nous une sorte d'émotion esthétique ? Ce sont ceux dont les éléments sont harmonieusement disposés, de façon que l'esprit puisse sans effort en embrasser l'ensemble tout en pénétrant les détails. Cette harmonie est à la fois une satisfaction pour nos besoins esthétiques et une aide pour l'esprit, qu'elle soutient et qu'elle guide. Et, en même temps, en mettant sous nos yeux un tout bien ordonné, elle nous fait pressentir une loi mathématique. Or, nous l'avons dit plus haut, les seuls faits mathématiques dignes de retenir notre attention et susceptibles d'être utiles sont ceux qui peuvent nous faire connaître une loi mathématique. De sorte que nous arrivons à la conclusion suivante : les combinaisons utiles, ce sont précisément les plus belles, je veux dire celles qui peuvent le mieux charmer cette sensibilité spéciale que tous les mathématiciens connaissent, mais que les profanes ignorent au point qu'ils sont souvent tentés d'en sourire.

Qu'arrive-t-il alors ? Parmi les combinaisons en très grand nombre que le moi subliminal a aveuglément formées, presque toutes sont sans intérêt et sans utilité, mais par cela même elles sont sans action sur la sensibilité esthétique ; la conscience ne les connaîtra jamais ; quelques-unes seulement sont harmonieuses, et par suite à la fois utiles et belles ; elles seront capables d'émouvoir cette sensibilité spéciale du géomètre dont je viens de vous parler, et qui, une fois excitée, appellera sur elles notre attention, et leur donnera ainsi l'occasion de devenir conscientes.

Ce n'est là qu'une hypothèse, et cependant voici une observation qui pourrait la confirmer : Quand une illumination subite envahit l'esprit du mathématicien, il arrive le plus souvent qu'elle ne le trompe pas ; mais il arrive aussi quelquefois, je l'ai dit, qu'elle ne supporte pas l'épreuve d'une vérification ; eh bien, on remarque presque toujours que cette idée fausse, si elle avait été juste, aurait flatté notre instinct naturel de l'élégance mathématique.

Ainsi c'est cette sensibilité esthétique spéciale qui joue le rôle du crible délicat dont je parlais plus haut, et cela.fait comprendre assez pourquoi celui qui en est dépourvu ne sera jamais un véritable inventeur.

Toutes les difficultés n'ont pas disparu cependant ; le moi conscient est étroitement borné ; quant au moi subliminal, nous n'en connaissons pas les limites, et c'est pourquoi nous ne répugnons pas trop à supposer qu'il a pu former en peu de temps plus de combinaisons diverses que la vie entière d'un être conscient ne pourrait en embrasser. Ces limites existent cependant ; est-il vraisemblable qu'il puisse former toutes les combinaisons possibles, dont le nombre effrayerait l'imagination ; cela semblerait nécessaire néanmoins, car, s'il ne produit qu'une petite partie de ces combinaisons, et s'il le fait au hasard, il y aura bien peu de chances pour que la bonne, celle qu'on doit choisir, se trouve parmi elles.

Peut-être faut-il chercher l'explication dans cette période de travail conscient préliminaire qui précède toujours tout travail inconscient fructueux. Qu'on me permette une comparaison grossière. Représentons-nous les éléments futurs de nos combinaisons comme quelque chose de semblable aux atomes crochus d'Épicure. Pendant le repos complet de l'esprit, ces atomes sont immobiles, ils sont pour ainsi dire accrochés au mur : ce repos complet peut donc se prolonger indéfiniment sans que ces atomes se rencontrent, et, par conséquent, sans qu'aucune combinaison puisse se produire entre eux.

Au contraire, pendant une période de repos apparent et de travail inconscient, quelques-uns d'entre eux sont détachés du mur et mis en mouvement. Ils sillonnent dans tous les sens l'espace, j'allais dire la pièce où ils sont enfermés, comme pourrait le faire, par exemple, une nuée de moucherons, ou, si vous préférez une comparaison plus savante, comme le font les molécules gazeuses dans la théorie cinétique des gaz. Leurs chocs mutuels peuvent alors produire des combinaisons nouvelles.

Quel va être le rôle du travail conscient préliminaire ? C'est évidemment de mobiliser quelques-uns de ces atomes, de les décrocher du mur et de les mettre en branle. On croit qu'on n'a rien fait de bon parce qu'on a remué ces éléments de mille façons diverses pour chercher à les assembler et qu'on n'a pu trouver d'assemblage satisfaisant. Mais, après cette agitation qui leur a été imposée par notre volonté, ces atomes ne rentrent pas dans leur repos primitif. Ils continuent librement leur danse. Or, notre volonté ne les a pas choisis au hasard, elle poursuivait un but parfaitement déterminé ; les atomes mobilisés ne sont donc pas des atomes quelconques ; ce sont ceux dont on peut raisonnablement attendre la solution cherchée. Les atomes mobilisés vont alors subir des chocs, qui les feront entrer en combinaison, soit entre eux, soit avec d'autres atomes restés immobiles et qu'ils seront venus heurter dans leur course. Je vous demande pardon encore une fois ; ma comparaison est bien grossière, mais je ne sais trop comment je pourrais faire comprendre autrement ma pensée.

Quoi qu'il en soit, les seules combinaisons qui ont chance de se former, ce sont celles où l'un des éléments, au moins, est l'un de ces atomes librement choisis par notre volonté. Or, c'est évidemment parmi elles que se trouve ce que j'appelais tout à l'heure la bonne combinaison. Peut-être y a-t-il là un moyen d'atténuer ce qu'il y avait de paradoxal dans l'hypothèse primitive.

Autre observation. Il n'arrive jamais que le travail inconscient nous fournisse tout fait le résultat d'un calcul un peu long, où l'on n'a qu'à appliquer des règles fixes. On pourrait croire que le moi subliminal, tout automatique, est particulièrement apte à ce genre de travail, qui est en quelque sorte exclusivement mécanique. Il semble qu'en pensant le soir aux facteurs d'une multiplication, on pourrait espérer trouver le produit tout fait à son réveil, ou bien encore qu'un calcul algébrique, une vérification, par exemple, pourrait se faire inconsciemment. Il n'en est rien, l'observation le prouve. Tout ce qu'on peut espérer de ces inspirations, qui sont les faits du travail inconscient, ce sont des points de départ pour de semblables calculs ; quant aux calculs eux-mêmes, il faut les faire dans la seconde période de travail conscient, celle qui suit l'inspiration, celle où l'on vérifie les résultats de cette inspiration et où l'on en tire les conséquences. Les règles de ces calculs sont strictes et compliquées ; elles exigent la discipline, l'attention, la volonté et, par suite, la conscience. Dans le moi subliminal règne, au contraire, ce que j'appellerais la liberté, si l'on pouvait donner ce nom à la simple absence de discipline et au désordre né du hasard. Seulement ce désordre même permet des accouplements inattendus.

Je ferai une dernière remarque : quand je vous ai exposé plus haut quelques observations personnelles, j'ai parlé d'une nuit d'excitation, où je travaillais comme malgré moi ; les cas où il en est ainsi sont fréquents, et il n'est pas nécessaire que l'activité cérébrale anormale soit causée par un excitant physique comme celui que j'ai cité. Eh bien, il semble que, dans ce cas, on assiste soi-même à son propre travail inconscient, qui est devenu partiellement perceptible à la conscience surexcitée et qui n'a pas pour cela changé de nature. On se rend alors vaguement compte de ce qui distingue les deux mécanismes ou, si vous voulez, les méthodes de travail des deux « moi ». Et les observations psychologiques que j'ai pu faire ainsi me semblent confirmer dans leurs traits généraux les vues que je viens d'émettre.

Certes, elles en ont bien besoin, car elles sont et restent, malgré tout, bien hypothétiques : l'intérêt de la question est si grand pourtant que je ne me repens pas de les avoir soumises au lecteur.

Notes

1. Né en 1926, lauréat de la médaille Fields et du prix Abel, membre de l'Académie des sciences, Jean-Pierre Serre est considéré comme l'un des plus grands mathématiciens du XXe siècle.

2. Yitang Zhang, mathématicien chinois né en 1955, s'est fait connaître dans le monde entier en 2013 pour ses travaux sur la répartition des nombres premiers. Roger Apéry (1916-1994), mathématicien français, a démontré en 1977 l'irrationalité de la valeur en 3 de la fonction zêta de Riemann, depuis nommée « constante d'Apéry » en son honneur.

3. Les œuvres de Man Ray inspirées par son passage à l'Institut Poincaré sont décrites par Isabelle Fortuné, « Man Ray et les objets mathématiques », *Études photographiques*, 6, mai 1999, en ligne. Voir aussi l'ouvrage collectif de Wendy A. Grossman, Adina Kamien-Kazhdan, Edouard Sebline et Andrew Strauss, *Man Ray. Human Equations : A Journey From Mathematics to Shakespeare*, Berlin, Hatje Cantz, 2014. Et pour une perspective plus large sur les modèles géométriques, voir l'ouvrage *Objets mathématiques*, édité par Jean-Philippe Uzan et Cédric Villani, Paris, CNRS Éditions, 2017.

4. Voir la conférence « Pour faire naître une idée », disponible dans le coffret de DVD *Cédric Villani, un mathématicien aux métallos* (ARTE Éditions).

5. Raymond Queneau, *La Littérature potentielle*, Paris, Gallimard, 1973.

6. Cédric Villani, *Théorème vivant*, Paris, Grasset, 2012.

7. Voir Cédric Villani, « Paradoxe de Scheffer-Shnirelman revu sous l'angle de l'intégration convexe [d'après C. De Lellis et L. Székelyhidi] », séminaire Bourbaki, novembre 2008, en ligne.

8. Voir par exemple l'article de Cédric Villani, « L'écriture des mathématiciens », en ligne : http://barthes.ens.fr/articles/Villani-ecriture-mathematiciens.pdf.

9. Publié dans la série « Obsession » du *Nouvel Observateur*, 8 octobre 2012.

10. Voir *Cédric Villani, un mathématicien aux métallos*, ARTE Éditions.

11. Cette belle formule conclut *La Valeur de la science*, publié en 1905.

12. *Science et méthode* (1908), livre Ier, chapitre IV.

13. *Éléments de la philosophie de Newton* (1738), troisième partie, chapitre V.

Sources

Le texte de Cédric Villani (p. 7-86) est issu d'une conférence donnée le 20 mars 2013 à la Maison de la culture de Namur, organisée par le département de mathématique de l'université de Namur et l'association Les Midis de la poésie de Bruxelles.

L'« Ode à l'imperfection » (p. 72-86) a été écrite pour le festival de La Milanesiana, juillet 2012.

Le texte d'Henri Poincaré (p. 87-113) est extrait de *Science et méthode*, Paris, Flammarion, 1908, livre I, chapitre III, p. 43-63.

TABLE

LES MATHÉMATIQUES SONT LA POÉSIE DES SCIENCES

NORD COMPO
multimédia

Composition et mise en pages
Nord Compo à Villeneuve-d'Ascq

N° d'édition : L.01EHQN000992.N001
Dépôt légal : mai 2018
Imprimé en Espagne par Novoprint (Barcelone)